Berichte des Deutschen Ausschusses für Stahlbau

Ausgabe B

(Fortsetzung der vom Deutschen Stahlbau-Verband, Berlin, herausgegebenen Berichte des früheren Ausschusses für Versuche im Stahlbau)

Heft 8

Versuche über den Einfluß der Gestalt der Enden von aufgeschweißten Laschen in Zuggliedern und von aufgeschweißten Gurtverstärkungen an Trägern

Von

Otto Graf

o. Professor an der Techn. Hochschule Stuttgart

Mit 56 Textabbildungen

Berlin

Verlag von Julius Springer

1937

ISBN 978-3-7091-5653-7   ISBN 978-3-7091-5689-6 (eBook)
DOI 10.1007/978-3-7091-5689-6

Inhaltsverzeichnis.

Einleitung.

Bei den Verhandlungen über die Vorschriften für geschweißte, vollwandige Eisenbahnbrücken im August 1935 zeigte sich, daß die Auffassungen über die zweckmäßige Gestalt der Enden von Laschen und von Gurtverstärkungen weit auseinandergingen. Deshalb sind zunächst Zugversuche mit Flacheisenstäben, die beiderseitig Laschen erhielten, ausgeführt worden. Dabei sind die Laschen entsprechend den Vorschlägen, die von verschiedenen Seiten gemacht worden sind, ausgeführt worden. Anschließend wurden Versuchskörper mit Laschen gefertigt, die entsprechend den in der Materialprüfungsanstalt der Technischen Hochschule Stuttgart gesammelten Erfahrungen bemessen und bearbeitet waren; hierzu sind Zugversuche und Biegeversuche ausgeführt worden.

Die Versuche sollen ein Bild geben von der Zweckmäßigkeit oder Unzweckmäßigkeit von Ausführungen, die bisher gemacht worden sind. Sie sollen zunächst in einfacher Weise zeigen, wie künftighin verfahren werden kann[1]. Allerdings ist es nötig, daß zur Gewinnung von Konstruktionsregeln, welche zahlenmäßig gefaßt sind, weitere Versuche gemacht werden[2]. Das bisher Gewonnene wird bekanntgegeben, weil damit die Beurteilung älterer und künftiger Ausführungen erleichtert wird.

A. Arbeitsplan und Bauart der Versuchskörper.

Die Versuche sind zeitlich und sachlich in 6 Gruppen zur Ausführung gekommen.

Gruppe I.

Versuchsreihen A bis D. Die Probekörper wurden von Herrn Dr.-Ing. Dörnen in Derne zur Verfügung gestellt.

1. Reihe A. Versuchskörper nach Abb. 1 und 2. Die Zugstäbe waren 140 mm breit und 20 mm dick. Die Laschen waren 340 mm lang, 10 mm dick, in der Mitte 90 mm breit, an den Enden bis auf 15 mm verschmälert. Die Laschen waren an den Längskanten mit einer Kehlnaht von $a = 5$ mm durch Lichtbogenschweißung an dem Zugstab befestigt. Die Schweißung geschah mit dünn umhüllten Kjellberg-Elektroden St 37 A (4 mm Durchmesser) bei einer Stromstärke von 130 Ampere.

2. Reihe B. Versuchskörper nach Abb. 3 und 4. Die Abmessungen der Versuchsköper waren die gleichen wie bei Reihe A, jedoch wurden die Laschen an den Enden zugeschärft und geschliffen.

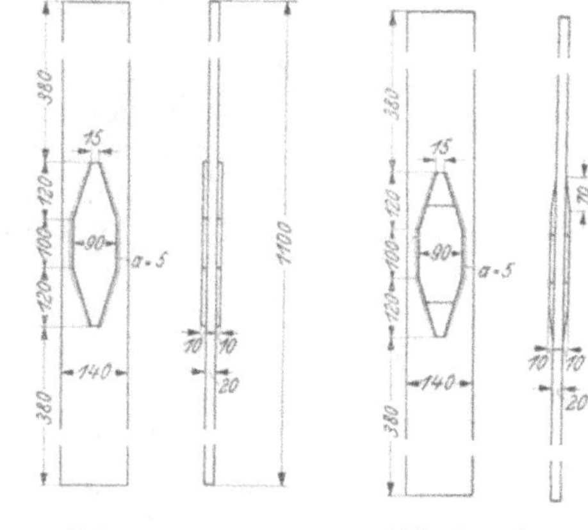

Abb. 1 und 2.   Abb. 3 und 4.

3. Reihe C. Versuchskörper nach Abb. 3 und 4. Die Abmessungen der Versuchskörper waren die gleichen wie bei der Reihe B; die Laschenenden waren ebenso zugeschärft. Außer-

---

[1] Die Durchführung der Versuche besorgte Herr Munzinger.

[2] Diese Fortsetzung der Versuche ist vom Deutschen Ausschuß für Stahlbau bereits genehmigt.

dem wurden die Laschenenden nach dem Anschweißen mit der Gasflamme ausgeglüht, dann gehämmert und nachgeschliffen.

4. Reihe D. Versuchskörper nach Abb. 3 und 4. Die Abmessungen der Versuchskörper waren die gleichen wie bei den Reihen B und C. Die Schweißung geschah im mittleren Teil bis zu den zugeschärften Laschenenden hin wie bei den Reihen A bis C durch Lichtbogenschweißung. Die zugeschärften Laschenenden wurden mit der Gasflamme verschweißt und dann nachgeschliffen.

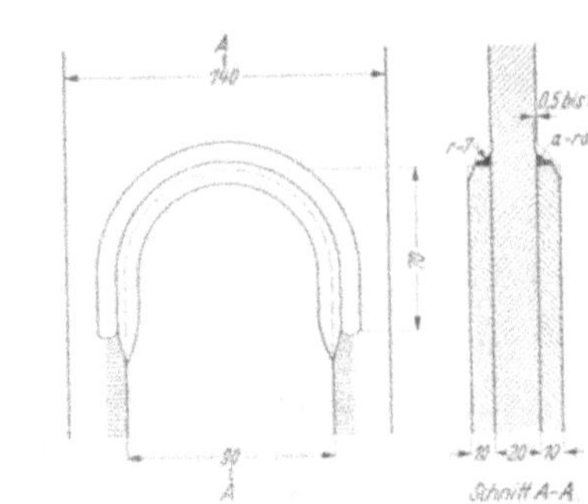

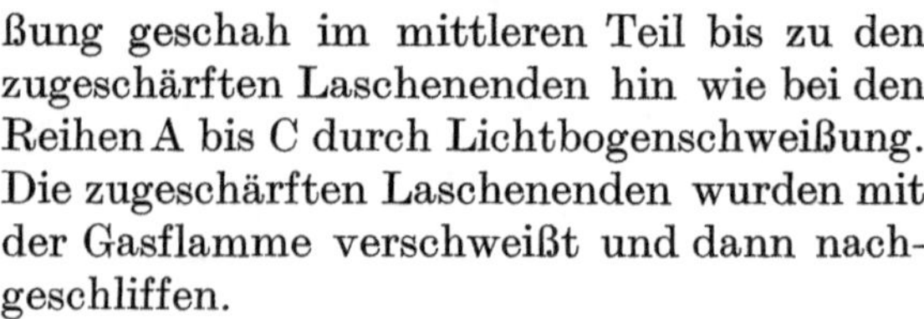

Abb. 5 und 6.   Abb. 7 und 8.

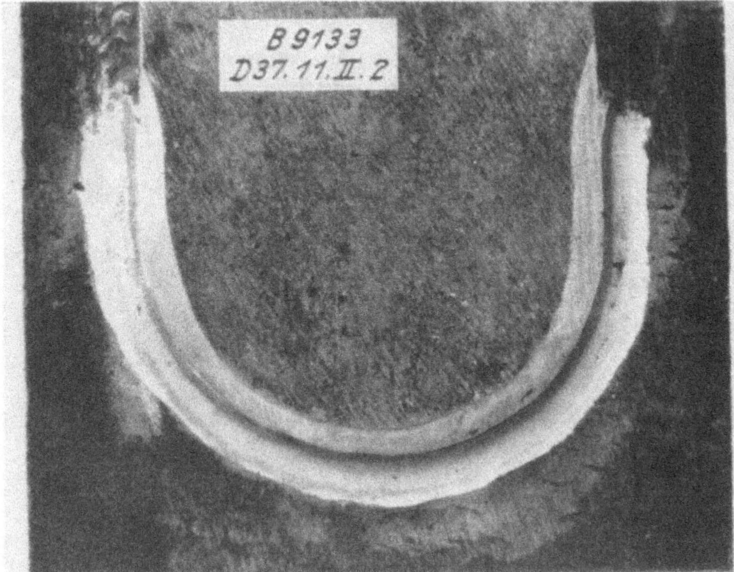

Abb. 9.

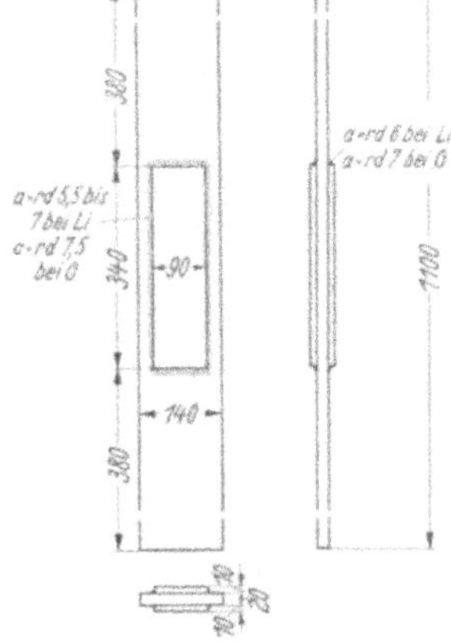

Abb. 10 bis 12.

Gruppe II.

Zu dieser Gruppe gehören die Versuche der Reihe E. Die zugehörigen Probekörper hat wiederum Herr Dr.-Ing. Dörnen geliefert.

5. Reihe E. Versuchskörper nach Abb. 5. Die Laschen waren an ihren Enden halbkreisförmig begrenzt. Die Kehlnähte sind wie bei den Reihen A bis C durch Lichtbogenschweißung mit Kjellberg-Elektroden St 37 A bei einer Stromstärke von 130 Ampere hergestellt worden. Der Übergang vom Zugstab in die Schweißnaht wurde in der Materialprüfungsanstalt halbrund ausgeschliffen, wie die Abb. 7 bis 9 erkennen lassen; es wurden alle Kerben im Übergang des Zugstabs zur Lasche beseitigt[1].

Gruppe III.

Versuchsreihen F bis L. Die Versuchskörper zu den Reihen F bis J sowie die Bleche und Laschen zu den Reihen K und L hat Herr Dr.-Ing. Dörnen geliefert; das Schweißen der Probekörper zu den Reihen K und L hat die I. G. Farbenindustrie, Werk Autogen in Griesheim (Herr Dr.-Ing. Holler), übernommen.

6. Reihe F. Versuchskörper nach Abb. 1 und 2; die Abmessungen waren dieselben wie bei den Versuchskörpern der Reihe A. Die Laschen wurden durch Lichtbogenschweißung mit stark ummantelten Kjellberg-Elektroden St 44 B mit 4 und 5 mm Durchmesser (zwei Schweißlagen) befestigt, jedoch abweichend von der Reihe A auch an den Stirnflächen der Laschen; Stromstärke 200 bis 220 Ampere. An den Enden der Laschen wurde der Übergang vom Zugstab zur Kehlnaht mit der Fräserfeile sorgfältig ausgerundet; vgl. die spätere Abb. 26.

7. Reihe G. Versuchskörper nach Abb. 10 bis 12. Die Abmessungen der Zugstäbe sowie die Breite und Dicke der Laschen waren die gleichen wie bei den Reihen A bis E. Die Laschen sind jedoch recht-

---

[1] Angeschliffene feine Poren wurden nicht ausgearbeitet.

eckig begrenzt und allseitig durch Lichtbogenschweißung mit Kjellberg-Elektroden St 44 B mit 4 und 5 mm Durchmesser (2 Schweißlagen) befestigt; Stromstärke 200 bis 220 Ampere.

8. Reihe H. Versuchskörper nach Abb. 10 bis 12, jedoch die Laschen und die Kehlnähte an den Enden der Laschen unter 25° (Neigung gegen die Blechebene) bearbeitet. Die Übergänge vom Zugstab auf die Schweißnaht wurden sorgfältig mit einer Fräserfeile ausgerundet. Vgl. auch die spätere Abb. 26.

9. Reihe J. Versuchskörper nach Abb. 10 bis 12. Die Abmessungen und die Art der Herstellung waren dieselben wie bei den Reihen G und H. Der Übergang des Zugstabs zur Schweißnaht ist an den Enden der Laschen sorgfältig ausgerundet worden; die Kanten der Laschen wurden leicht gebrochen; die weitergehende Bearbeitung der Kehlnähte, wie sie bei Reihe H stattfand, unterblieb.

10. Reihe K. Versuchskörper nach Abb. 10 bis 12. Hier wurde Gasschmelzschweißung angewandt unter Verwendung von Schweißstäben GV3 der I. G. Farbenindustrie A.-G., Frankfurt a. M.-Griesheim. Die Bearbeitung der Schweißnähte an den Laschenenden geschah durch Anschleifen der Kehlnähte am Übergang auf rd. 25° Neigung.

11. Reihe L. Versuchskörper nach Abb. 10 bis 12 mit Gasschmelzschweißung wie bei der Reihe K. Die Kehlnähte an den Laschenenden wurden eben angeschliffen und die Übergänge der Kehlnähte zum Zugstab mit der Fräserfeile ausgerundet.

Nachdem die bisher genannten Versuche durchgeführt waren, erschien es nötig, bei den weiteren Versuchskörpern stärkere Laschen anzuwenden, damit die Bedeutung der Art des Übergangs vom Zugstab zur Lasche noch stärker in Erscheinung trete.

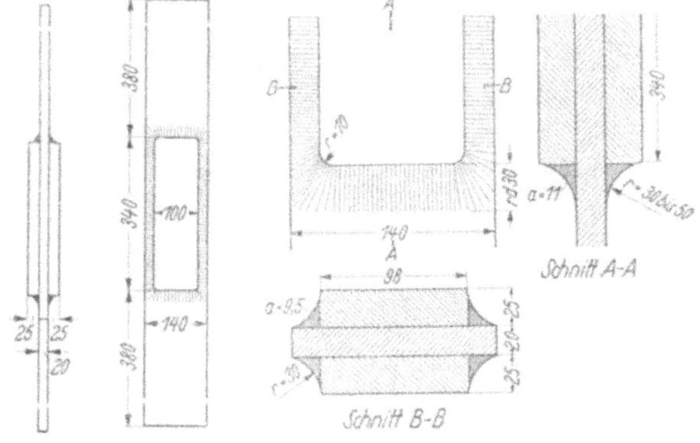

Abb. 13 und 14. Abb. 15 bis 17.

Gruppe IV.

Versuchsreihen M bis P; die Versuchskörper sind von Herrn Dr.-Ing. Dörnen in Derne geliefert worden.

12. Reihe M. Versuchskörper nach Abb. 13 bis 17. Der Zugstab war wie früher 140 mm breit und 20 mm dick. Die Laschen waren 98 mm breit und 25 mm dick. Die Schweißkehlnähte wurden durch Lichtbogenschweißung mit

Abb. 18. Probekörper der Reihe M.

Kjellberg-Elektroden St 44 B hergestellt. Die Flankenkehlnähte sind in 3 Schweißlagen, die Stirnkehlnähte in 4 Schweißlagen aufgetragen worden. Bei der 1. Lage sind Elektroden mit 4 mm Durchmesser mit einer Stromstärke von 200 Ampere verschweißt worden. Für die weiteren Lagen betrug der Elektrodendurchmesser 5 mm und die Stromstärke 220 Ampere. Die Stirnkehlnähte wurden besonders stark gewählt und später nach Abb. 18 geschliffen. Dabei blieben am Übergang vom Zugstab zur Schweißnaht kleine, nicht bearbeitete Stellen zurück, vgl. z. B. in Abb. 18 bei a.

13. Reihe N. Versuchskörper nach Abb. 13 bis 17. Es handelt sich um dieselben Körper wie bei der Reihe M; zusätzlich wurden die beim Schleifen in Derne zurückgebliebenen, nicht bearbeiteten Stellen mit der Fräserfeile ausgerundet.

14. **Reihe O.** Versuchskörper nach Abb. 13 bis 16 und Abb. 19. Die Stirnenden der Laschen waren gemäß Abb. 19 unter 60° zur Stabachse geneigt. Schweißung wie bei den Reihen M und N. Die Ausrundung des Übergangs vom Zugstab in die Stirnkehlnähte wurde mit größerem Halbmesser als bisher ausgeführt, nämlich mit r = 100 mm. Dabei sind Schleifriefen quer zur Zugrichtung zurückgeblieben.

15. **Reihe P.** Versuchskörper nach Abb. 13 bis 16 und Abb. 19, hergestellt wie bei der Reihe O, jedoch am Übergang der Stirnkehlnähte zum Zugstab mit der Fräserfeile nachgearbeitet. Halbmesser der Ausrundung etwas kleiner als bei Reihe O (r = 70 mm).

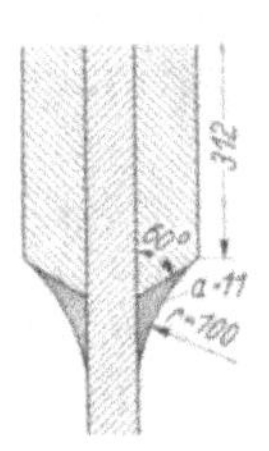

Abb. 19.

Gruppe V.

Versuchsreihen Q und R. Die Versuchskörper sind von der Maschinenfabrik Eßlingen in Eßlingen geliefert worden.

16. **Reihe Q.** Versuchskörper nach Abb. 20 bis 23. Hier waren die Laschen wie bei den Reihen A bis L 10 mm dick. Die Kehlnähte wurden gemäß Abb. 22 und 23 verlangt, d. h. allmählich auslaufend. Das Schweißen geschah mit dem Lichtbogen in 3 bis

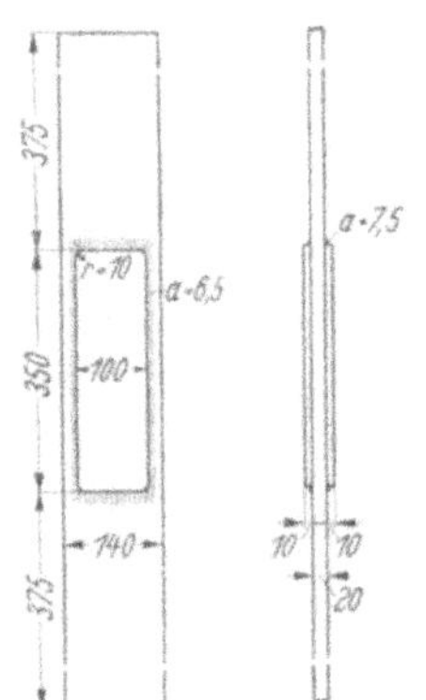

Abb. 20 und 21.

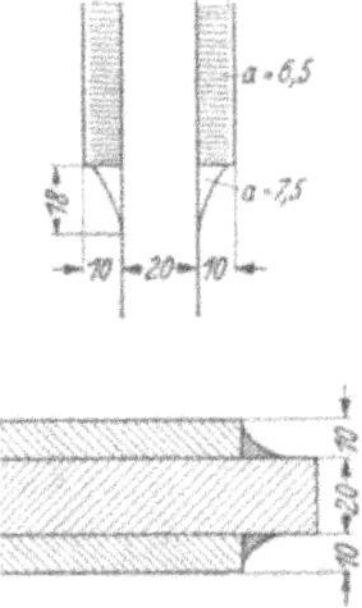

Abb. 22 und 23.

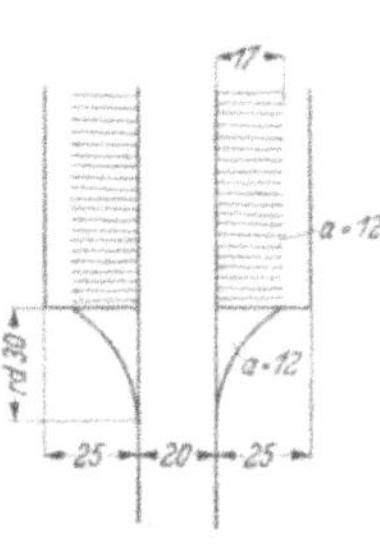

Abb. 25.

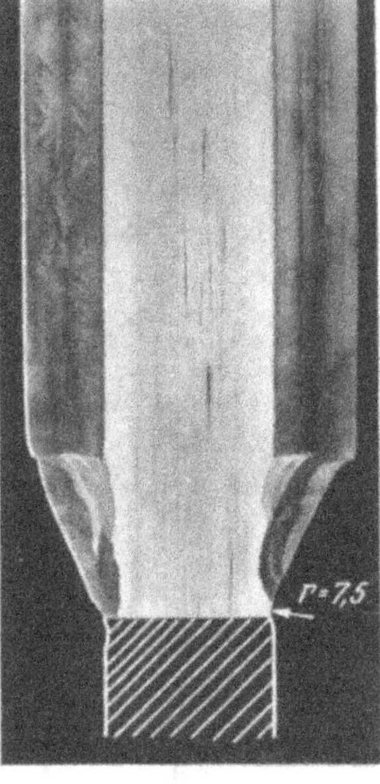

Abb. 24. Probekörper der Reihe Q.

5 Lagen mit dick ummantelten Siemens-Elektroden 162 von 4 und 5 mm Durchmesser. Stromstärke rd. 180 Ampere bei 4 mm dicken Elektroden und rd. 220 Ampere bei 5 mm dicken Elektroden. Am Übergang des Zugstabs zur Schweißnaht erfolgte Bearbeitung derart, daß zunächst der Anlauf der Stirnkehlnaht auf rd. 25° Neigung zurückgeschliffen wurde; dann ist der Übergang mit der Fräserfeile ausgerundet worden. Der Zustand ist in Abb. 24 wiedergegeben.

17. **Reihe R.** Versuchskörper nach Abb. 13, 14 und 25, also mit 25 mm dicken Laschen. Abb. 25 zeigt, was verlangt war. Das Schweißen und die sonstige Bearbeitung geschah in gleiche Weise wie bei der Reihe Q. Die Zahl der Schweißlagen betrug aber 5 bis 7. Den Zustand der bearbeiteten Schweißnaht zeigt Abb. 26.

Abb. 26. Probekörper der Reihe R.

Gruppe VI.

Diese Gruppe umfaßt Biegeversuche mit Trägern nach Abb. 27 bis 29. Die Träger sind aus dem Handel bezogen worden. Die Schweißarbeiten besorgte die Maschinenfabrik Eßlingen in Eßlingen.

Hierzu wurde u. a. folgendes berichtet: Die Schweißung erfolgte mit Elektroden Siemens 162, in der Regel 5 mm Durchmesser, teilweise 4 mm; bei den Flankenkehlnähten 3, bei den

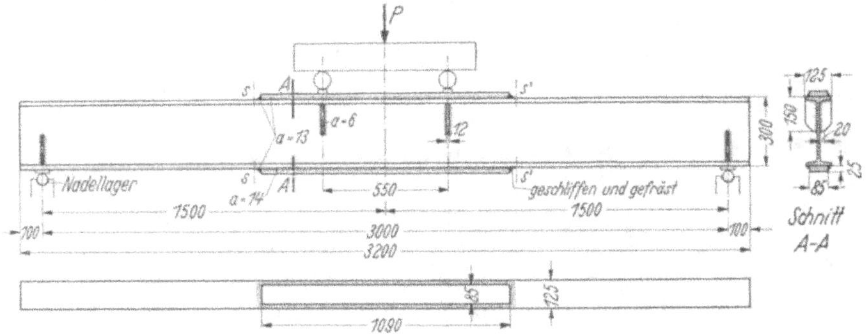

Abb. 27 bis 29.

Stirnkehlnähten 6 Lagen. Nach dem Auftragen jeder Schweißlage wurden die Träger gedreht. Die Träger sind nach unten gewölbt, was auf die Schrumpfung beim Schweißen der mittleren Aussteifungen zurückzuführen ist. Die Schrumpfung der ganzen Trägerlänge wurde gemessen im Mittel zu 2,3 mm am Obergurt und zu 1,2 mm am Untergurt. Die ganzen Träger sind nach dem Schweißen mit Sand abgestrahlt worden.

Die Abmessungen der Schweißnähte an den Stirnenden der Gurtverstärkungen sind aus der Abb. 25 ersichtlich.

Die Stirnkehlnähte an der Gurtverstärkung der Zugzone sind wie die Stirnkehlnähte der Probekörper zu den Reihen Q und R bearbeitet worden.

Abb. 30 zeigt den Einfluß der Gurtverstärkung auf die Momentendeckung. Der Linienzug $a\,b\,c\,d$ gibt die Verteilung der Biegemomente an, die beim

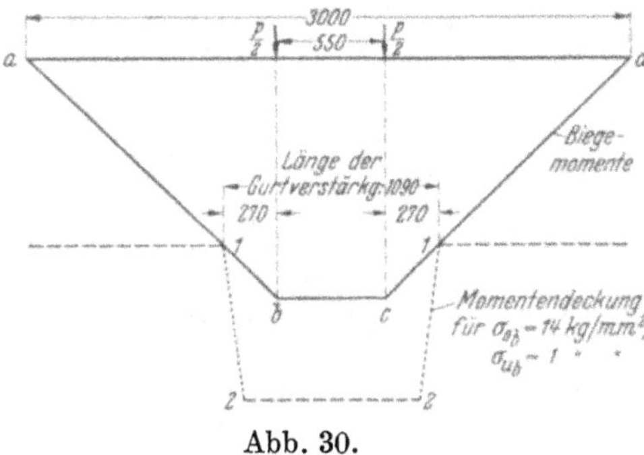

Abb. 30.

Versuch auftrat. Bei 1,1 sind die höchstbeanspruchten Stellen; dazwischen liegt die Gurtverstärkung, welche den Balken rechnerisch so verstärkt, daß Biegemomente bis zur Linie 2,2 auftreten dürften.

B. Durchführung der Versuche.

Bei den Zugversuchen mit den Körpern der Gruppen I bis V wurde ausgehend von einer kleinen ruhenden Grundlast von $\sigma_{uz} = 0,5$ bis $0,7\ \mathrm{kg/mm^2}$ die Belastung σ_{oz} gesucht, welche 1 Million mal auftreten durfte, ohne daß ein Bruch eintrat. Die Zahl der Lastspiele in der Minute betrug $n = 250$.

Bei den Biegeversuchen betrug σ_{ub} rd. 1 kg/cm². Die Zahl der Lastspiele in der Minute war $n = 210$.

Die Lastspiele sind mit Pulsatoren vom Losenhausenwerk in Düsseldorf ausgeführt worden.

C. Versuchsergebnisse.

Die Ergebnisse der Versuche der Gruppen I bis V finden sich in Zahlentafel 1 (Seite 14 und 15). Dort ist in den Spalten 1 bis 3 die Bauart der Proben beschrieben. Weiter ist in der Spalte 4 angegeben, wann die Proben geliefert wurden. In den Spalten 6 bis 8 finden sich die Belastungen, denen die Proben unterworfen worden sind. In der Spalte 9 ist die Zahl der Lastspiele eingetragen, welche bis zum Bruch oder bis zum Ende des Versuchs ausgeführt worden sind. In

Spalte 10 wird über die Art des Bruchs Auskunft gegeben. In Spalte 11 ist die Ursprungszugfestigkeit eingetragen, welche sich aus den Feststellungen in den Spalten 6 bis 9 ergibt. In Spalte 12 finden sich Feststellungen über die Zugfestigkeit der Bleche, und zwar nach Kugeldruckversuchen. Die Zahlen in diesen Stumpfnähten, daß die Bleche zu den Versuchen der Reihen A bis E als St 52 anzusehen sind; Dauerfestigkeit Versuche ist St 37 geliefert worden.

Abb. 31. Risse am Laschenende eines Probekörpers der Reihe B vor dem Dauerversuch.

In den Fußbemerkungen 1 bis 3 sind schließlich Ergebnisse von Zugversuchen mitgeteilt; diese decken sich hinreichend mit den Feststellungen aus den Kugeldruckversuchen, die in Spalte 12 genannt sind.

Bei den folgenden Erörterungen wurde vorausgesetzt, daß das Ziel der Untersuchungen sein müsse, die Enden der Laschen und der Gurtverstärkungen so zu gestalten, daß die Festigkeit der Schweißverbindungen an den Laschenenden der Widerstandsfähigkeit einer rohen Stumpfnaht gleich oder nahe kommt. Es soll erreicht werden, daß der Unterschied der Dauerfestigkeiten von Laschenverbindungen und von Gurtverstärkungen nicht oder nur wenig von der Dauerfestigkeit roher Stumpfnähte zu unterscheiden sei.

1. Gruppe I. Reihen A bis D.

Die am 27. 7. 1935 gelieferten Proben der Reihe A lieferten die Ursprungszugfestigkeit zu 12,5 kg/mm². Diese Festigkeit ist im Sinne der gestellten Aufgabe ungenügend ausgefallen. Der Bruch begann an einem Ende der Schweißstelle, so wie dies nach früheren Versuchen zu erwarten war[1].

Die Proben zur Reihe B lieferten eine Dauerfestigkeit von rd. 13,5 kg/mm². Dieser Wert ist etwas größer als bei der Reihe A, jedoch ebenfalls ungenügend. Die Zerstörung ging von den in Abb. 31 ersichtlichen Rissen r aus, die entweder schon bei der Einlieferung vorhanden waren oder erst beim Versuch auftraten.

Das Ergebnis der Reihe C war nicht deutlich verschieden von dem der Reihe B. Abb. 32 zeigt den Körper, welcher nach 794 800 Lastspielen von 0,5 bis 15,5 kg/mm² gebrochen ist. Auch hier begann der Bruch bei $r\,r$ am Ende der Längskehlnähte der Lasche.

Bei der Reihe D wurde die Tragfähigkeit ein wenig größer als bei den Reihen B und C. Die Ursprungszugfestigkeit fand sich zu 14,5

Abb. 32. Probekörper D 2 der Reihe C. Bruch nach 794 800 Lastspielen zwischen $\sigma_{uz} = 0{,}5$ kg/mm² und $\sigma_{oz} = 15{,}5$ kg/mm².

kg/mm². Abb. 33 zeigt den Körper, welcher 650 000 Lastspiele von 0,5 bis 16,5 kg/mm² ertragen hat.

Im ganzen ist für die Gruppe I wichtig, daß die Proben der Reihe D die größte Ursprungszugfestigkeit geliefert haben. Doch ist die Ursprungszugfestigkeit erheblich kleiner geblieben

---

[1] Vgl. u. a. Stahlbau 1933, S. 90, Abb. 20a.

als bei guten Stumpfnähten. Überdies war die Herstellung der Proben D umständlich, weil die Laschen besonders zu bearbeiten waren und weil zweierlei Schweißungen benutzt worden sind.

2. Gruppe II. Reihe E.

Die in Zahlentafel 1 eingetragenen Zahlentafelen erkennen, daß die Ursprungszugfestigkeit der Proben nach Abb. 5 bis 8 rd. 13 kg/mm² betrug, also nicht größer ausfiel als bei der Gruppe 1. Im übrigen gilt hier das am Schluß des vorhergehenden Abschnittes Gesagte.

3. Gruppe III. Reihen F bis L.

Die Versuche mit den Körpern der Reihe F bilden eine Ergänzung zur Gruppe I. Abweichend von der Reihe A waren hier die Stirnenden der Laschen angeschweißt, Abb. 34.

Die Ursprungszugfestigkeit fand sich nach Spalte 11 der Zahlentafel 1 zu rd. 13 kg/mm²; sie lag damit im Bereich der Gruppe I.

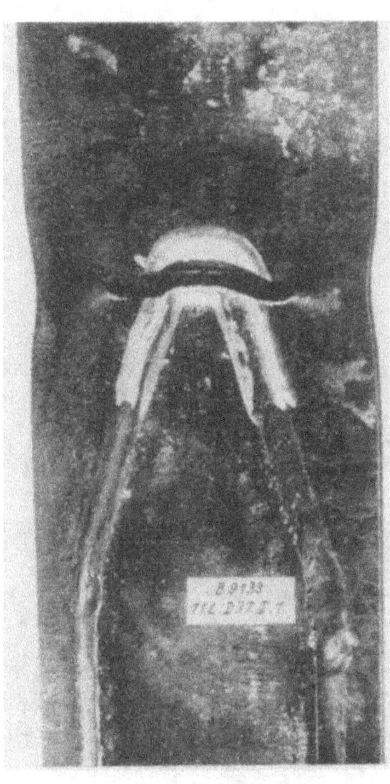

Abb. 33. Probekörper I. 2 der Reihe D.
Bruch nach 650 000 Lastspielen zwischen $\sigma_{uz} = 0,5$ kg/mm² und $\sigma_{oz} = 16,5$ kg/mm².

Abb. 34. Probekörper I. 1. der Reihe F. Bruch nach 392 800 Lastspielen zwischen $\sigma_{uz} = 0,5$ kg/mm² und $\sigma_{oz} = 18,5$ kg/mm².

Bei den Reihen G, H und J handelt es sich in allen Fällen um Versuchskörper nach Abb. 10 bis 12 mit rechteckig begrenzten, allseitig angeschweißten Laschen.

Der als Stichprobe gewählte Körper der Reihe G blieb ohne Bearbeitung. Der Widerstand gegen oftmals wiederholte Belastung lag im Bereich früherer Feststellungen. Abb. 35 zeigt den Versuchskörper im Zustand nach dem Versuch.

Bei dem Körper der Reihe H sind die Laschenenden und die zugehörige Schweißnaht nach Abb. 36 bearbeitet worden (vgl. auch unter A, 8). Damit wurde die Tragfähigkeit wesentlich erhöht, vgl. Zahlentafel 1.

Bei den Körpern der Reihe J sind die Laschenenden und ihre Schweißnähte einfacher bearbeitet worden, vgl. Abb. 37 und Abb. 38, sowie Zahlentafel 1. Die Ursprungszugfestig-

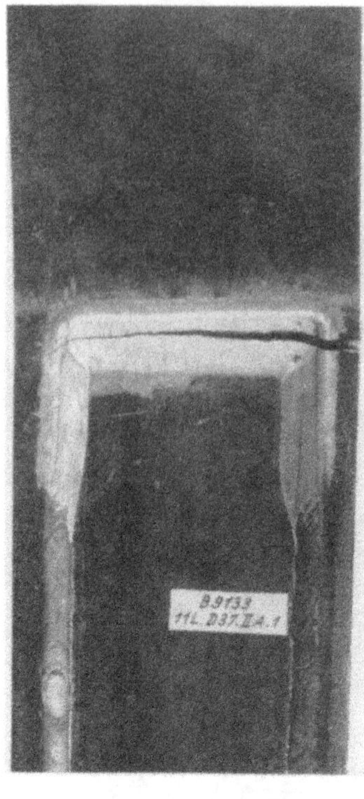

Abb. 35. Probekörper II A. 3 der Reihe G. Bruch nach 232 900 Lastspielen zwischen $\sigma_{uz} = 0{,}6$ kg/mm² und $\sigma_{oz} = 18{,}4$ kg/mm².

Abb. 36. Probekörper II A. 1 der Reihe H. Bruch nach 664 100 Lastspielen zwischen $\sigma_{uz} = 0{,}5$ kg/mm² und $\sigma_{oz} = 18{,}5$ kg/mm².

Abb. 37. Probekörper II A. 2 der Reihe J. Bruch nach 766 000 Lastspielen zwischen $\sigma_{uz} = 0{,}5$ kg/mm² und $\sigma_{oz} = 18{,}5$ kg/mm².

Abb. 38. Bruchfläche des Probekörpers II A. 2 der Reihe J, vgl. Abb. 37.

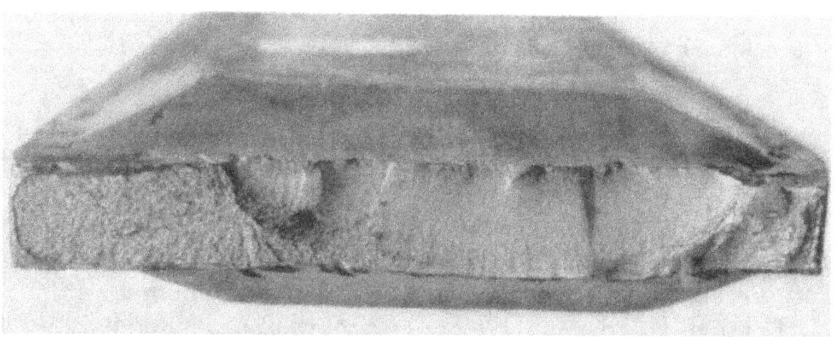

Abb. 39. Probekörper 2 B. 1 der Reihe K. Bruch nach 715 100 Lastspielen zwischen $\sigma_{uz} = 0{,}5$ kg/mm² und $\sigma_{oz} = 18{,}5$ kg/mm².

Abb. 40. Bruchfläche des Probekörpers 2 B. 1 der Reihe K, vgl. Abb. 39.

keit fand sich zu 16 kg/mm^2, also höher als bei allen im vorliegenden Bericht bisher beschriebenen Verbindungen.

Reihen K und L. Versuchskörper nach Abb. 10 bis 12, jedoch abweichend von den Reihen

Abb. 41. Probekörper 2 B. 2 der Reihe L. Bruch nach 775 000 Lastspielen zwischen $\sigma_{uz} = 0,5 \text{ kg/mm}^2$ und $\sigma_{oz} = 18,5 \text{ kg/mm}^2$.

Abb. 42. Probekörper RN. 1 der Reihe M. Bruch nach 464 500 Lastspielen zwischen $\sigma_{uz} = 0,5 \text{ kg/mm}^2$ und $\sigma_{oz} = 17,6 \text{ kg/mm}^2$. Der Bruch begann an unbearbeiteten Stellen des Übergangs vom Stab zur Stirnkehlnaht der Lasche (vgl. auch die Stelle a in Abb. 18).

G bis J mit Gasschmelzschweißung. Die Art der Bearbeitung ist aus Abb. 39 und 41 ersichtlich.

Die Ursprungszugfestigkeit der Körper der Reihe L fand sich zu $16,5 \text{ kg/mm}^2$, also noch etwas höher als bei Reihe J[1].

Im ganzen zeigten die Versuche der Gruppe III, daß die Erhöhung des Widerstands gegen oftmals wiederkehrende Last in erster Linie durch sorgfältige Gestaltung des Übergangs vom Stab zur Lasche geschaffen werden muß. Beim Vergleich mit den Feststellungen zur Gruppe I und auf Grund der Überlegung ist zu erkennen, daß die Laschen tunlichst breit und rechteckig begrenzt zu wählen sind und daß außerdem die Stirnnähte kräftig ausgeführt werden müssen.

4. Gruppe IV. Reihen M bis P.

Der Körper der Reihe M, Abb. 13 bis 17, ist im Einlieferungszustand geprüft worden; er wies am Übergang vom Stab zur Stirnnaht der Lasche noch einzelne unbearbeitete Stellen auf, vgl. Abb. 18, 42 und 43. Der Widerstand gegen oftmals wiederkehrende Zug-

Abb. 43. Bruchfläche des Probekörpers RN. 1 der Reihe M, vgl. Abb. 42.

---

[1] Dabei ist die fehlerhafte Probe 2 B. 5 der Reihe L außer acht gelassen.

belastung war gering; die Zerstörung ging von den unbearbeiteten Stellen aus. Deshalb sind bei dem Probekörper der Reihe N die rohen Stellen durch Bearbeitung mit der Fräserfeile örtlich beseitigt worden, vgl. Abb. 44. Die Ursprungszugfestigkeit fand sich dann größer als 17 kg/mm².

Auch die Körper der Reihen O und P, Abb. 13 bis 16 und Abb. 19, erwiesen sich als hochwertig. Die Ursprungszugfestigkeit lag über 17 kg/mm².

Abb. 44. Probekörper RN. 2 der Reihe N nach 1 031 100 Lastspielen zwischen $\sigma_{uz} = 0{,}5$ kg/mm² und $\sigma_{oz} = 17{,}5$ kg/mm².

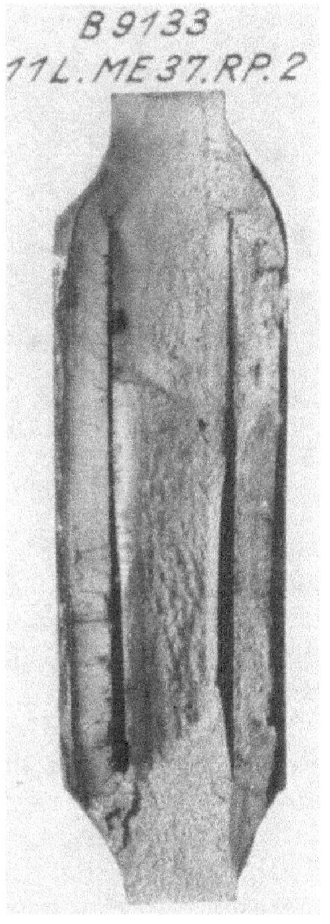

Abb. 45. Probekörper RP. 2 der Reihe Q. Bruch nach 1 067 800 Lastspielen zwischen $\sigma_{uz} = 0{,}6$ kg/mm² und $\sigma_{oz} = 17{,}5$ kg/mm².

Abb. 46. Bruchfläche des Probekörpers RP. 2 der Reihe Q, vgl. Abb. 45.

5. Gruppe V. Reihen Q und R.

Die Körper der Reihe Q, Abb. 20 bis 23, lieferten die Ursprungszugfestigkeit zu mehr als 17 kg/mm². Abb. 45 und 46 zeigen den Zustand eines Probekörpers nach dem Versuch.

Bei den Körpern der Reihe R (Abb. 13, 14 und 25) war der Widerstand gegen oftmalige Zugbelastung kleiner als bei Reihe Q, vgl. Zahlentafel 1. Die Schweißnaht besaß mehr Poren;

sie war überdies weniger gut geformt. In den Abb. 47 bis 49 sind 2 Probekörper der Reihe R im Zustand nach dem Bruch wiedergegeben.

6. Gruppe VI. Versuche mit Trägern nach Abb. 27 bis 29.

Die Zahlentafel 2 (Seite 16) enthält die Ergebnisse. In den Abb. 50 und 51 ist die Bruchstelle von 2 Balken dargestellt.

Die Schwingungsweite, welche hiernach 1 Million mal ertragen wird, ist auf rd. 14 bis 15 kg/mm² zu schätzen; ihre Größe wurde durch innere Mängel der Schweißungen beeinträchtigt.

Das Wichtigste ist hier, daß der Bruch stets am Eingang der Schweißung erfolgte, ausgehend von Poren, vgl. Abb. 52 und 53.

Abb. 47. Probekörper RQ. 1 der Reihe R. Bruch nach 375 800 Lastspielen zwischen $\sigma_{uz} = 0,6$ kg/mm² und $\sigma_{oz} = 17,5$ kg/mm².

Abb. 48. Bruchfläche des Probekörpers RQ. 1 der Reihe R, vgl. Abb. 47.

Abb. 49. Probekörper RQ. 2 der Reihe R. Bruch nach 925 500 Lastspielen zwischen $\sigma_{uz} = 0,5$ kg/mm² und $\sigma_{oz} = 17,5$ kg/mm²; in der nicht bearbeiteten Schweißnaht war der Riß b entstanden.

7. Frühere Feststellungen über den Einfluß der Gestalt der Laschen auf die Ursprungszugfestigkeit von Zuggliedern und Trägern.

Schon bei den ersten Dauerversuchen mit Schweißverbindungen ist der Einfluß der Gestalt der Laschen auf Stumpfstößen verfolgt worden. Man sah, daß die Laschenform für die Zugfestigkeit beim gewöhnlichen Zerreißversuch keine oder nur geringe Bedeutung hat[1]. Doch ist von vornherein aufmerksam gemacht worden, daß die Laschenform von großem Einfluß auf den Widerstand gegen oftmals wiederholte Belastung sein muß. Mit zugespitzten Laschen entstanden Verbindungen, die nicht vollwertig erschienen. Mit anderen Laschenverbindungen wurden hohe Dauerfestigkeiten erlangt; beispielsweise ertrug die Verbindung nach Abb. 54 2 Millionen Lastspiele von $\sigma_{uz} = 0{,}5$ bis $\sigma_{oz} = 18$ kg/mm^2; sie stand damit im Bereich guter Stumpfnähte.

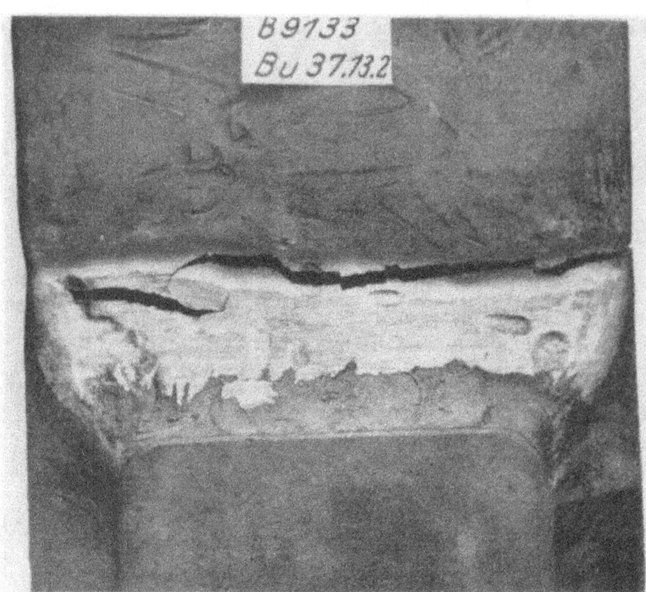

Abb. 50. Probekörper Bu 37. 13. 2 der Gruppe VI. Bruch nach 334 300 Lastspielen zwischen $\sigma_{ubz} = 1{,}0$ kg/mm^2 und $\sigma_{obz} = 20{,}0$ kg/mm^2.

Diese Ergebnisse sind s. Zt. im Drang der neuen Aufgaben nicht ausreichend weiterverfolgt worden. Es ist zunächst die Folgerung gemacht worden, daß die damals üblichen Laschenverbindungen minderwertig seien; da aber Laschenverbindungen und verwandte Verbindungen nicht selten unentbehrlich sind, entstanden zahlreiche Vorschläge für besondere Formen der Laschenenden, m. W. in keinem Fall zurückgreifend auf die einfache Form nach Abb. 54. Dann ist im vergangenen Jahr durch Versuche an Trägern gezeigt worden, daß die Laschenverbindung nach Abb. 26 wohl die zweckmäßigste ist[2]. Zum gleichen Ergebnis führte die vorliegende Arbeit, welche die Prüfung von Verbindungen betrifft, welche von leitenden Ingenieuren mit Nachdruck vertreten worden sind.

Abb. 51. Probekörper Bu 37. 13. 3 der Gruppe VI. Bruch nach 594 700 Lastspielen zwischen $\sigma_{ubz} = 1{,}1$ kg/mm^2 und $\sigma_{obz} = 17{,}1$ kg/mm^2.

---

[1] Vgl. u. a. Graf: Stahlbau 1933, S. 89.　　[2] Vgl. Stahlbau 1937, S. 9 u. f.

8. Zusammenfassung der Ergebnisse.

Aus den im vorliegenden Bericht wiedergegebenen Versuchen ergibt sich folgendes:

a) Zuspitzen der Laschenenden nach der Breite, auch das Abrunden der Laschenenden ist nicht zweckmäßig.

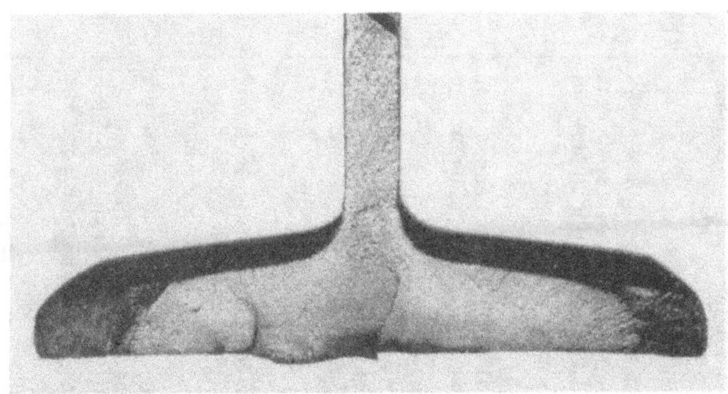

Abb. 52.
Bruchfläche des Trägers Bu 37. 13. 3, vgl. die Abb. 51.

Abb. 53. Ausschnitt aus der Bruchfläche des Trägers Bu 37. 13. 3; an den Stellen *a* hat der Bruch begonnen.

b) Gute Laschenverbindungen entstehen, wenn die Laschen auf ihrer ganzen Länge gleich breit gewählt werden und wenn sie an ihrer Stirn mit starken Kehlnähten angeschlossen werden[1].

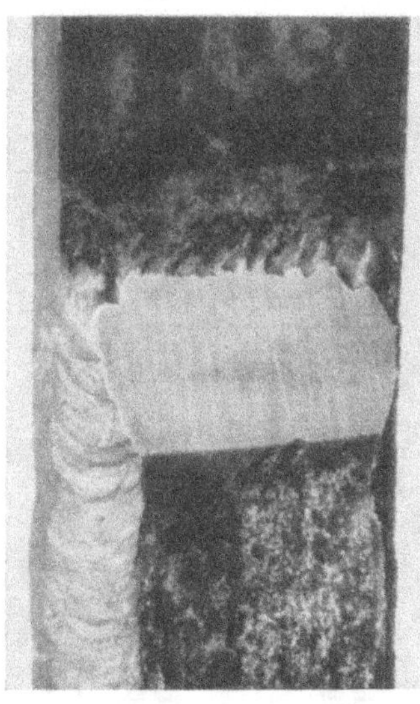

Abb. 54. Laschenverbindung mit Gasschmelzschweißung, welche 2 Millionen Lastspiele zwischen $\sigma_u = 0{,}5$ kg/mm² und $\sigma_o = 18$ kg/mm² ertrug.

Abb. 55. Bearbeitung von Schweißnähten.

c) Wenn eine hochwertige Verbindung entstehen soll, ist der Übergang der Kehlnähte gemäß Abb. 24 und 26 auszurunden. Ein dazu brauchbares Gerät ist in Abb. 55 dargestellt[2]. Der geschliffene Übergang soll porenfrei sein.

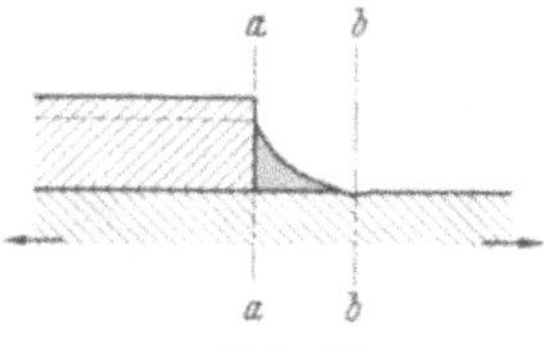

Abb. 56.

---

[1] Die Naht muß so bemessen sein, daß die Anstrengungen im Querschnitt *a a*, Abb. 56, sicher kleiner oder doch nicht größer werden als bei *b b*; dabei ist zu beachten, daß bei *b b* die Spannungsschwelle durch Ausschleifen praktisch aufgehoben werden kann; bei *a a* ist aber ein direkter Einfluß nicht möglich; deshalb muß dort die Übertragung der Kräfte in die Lasche hinreichend vollzogen sein.

[2] Über den Arbeitsgang wird mein Mitarbeiter Herr Ing. Munzinger demnächst besonders berichten.

Zusammenstellung 1. Versuchsergebnisse. Zugversuche. Reihen A bis R.

1	2	3	4	5	Dauerzugversuche, $n = 250$ Lastspiele in der Minute				10	11	12
					Rechnungsmäßige Zugspannung des Blechs 140×20 mm Belastungsgrenze		Unterschied $\sigma_{oz} - \sigma_{uz}$				
Reihe	Bauart der Probekörper bei der Einlieferung — Abb	Angaben über die Herstellung und Bearbeitung	Lieferung vom	Bezeichnung der Probekörper	an der unteren σ_{uz} kg/mm²	an der oberen σ_{oz} kg/mm²	kg/mm²	Zahl der Lastspiele bis zum Bruch N	Angaben über den Bruch	Ursprungszugfestigkeit für 1 000 000 Lastspiele kg/mm²	Zugfestigkeit der Bleche 140×20 mm ermittelt durch Kugeldruckversuche nach DIN 1605 II kg/mm²
A	1 und 2	Lichtbogenschweißung. Gleichstrom. Kjellberg-Elektroden St 37 A. Schweißstromstärke 130 Amp. Laschen nicht bearbeitet	27. 7. 1935	A. 1	0,5	15,5	15,0	636 650	Blech 140×20 mm gebrochen beim Eintritt in die Schweißstelle	12,5 (10 bis 11)	55
				A. 3	0,5	13,5	13,0	964 200			59 [1]
				A. 2	0,5	12,5	12,0	1 193 500			
			6. 9. 1935	A. 5	0,5	13,5	13,0	683 300			
B	3 und 4, a	Lichtbogenschweißung. Gleichstrom. Kjellberg-Elektroden St 37 A. Schweißstromstärke 130 Amp. Laschenenden zugeschärft und nachgeschliffen	27. 7. 1935	C. 1	0,5	18,5	18,0	338 100	Zuerst Risse in den Schweißnaht- bzw. Laschenenden, dann Flacheisen 140×20 mm gebrochen	13,5	56
				C. 2	0,5	14,5	14,0	997 900			59
				C. 3	0,5	14,5	14,0	990 700			
C	3 und 4, b	Lichtbogenschweißung. Gleichstrom. Kjellberg-Elektroden St 37 A. Schweißstromstärke 130 Amp. Laschenenden zugeschärft, ausgeglüht, gehämmert und nachgeschliffen	27. 7. 1935	D. 1	0,5	18,5	18,0	376 500	Zuerst Risse in den Schweißnaht- bzw. Laschenenden, dann Flacheisen 140×20 mm gebrochen	14	57
				D. 2	0,5	15,5	15,0	794 800			56
				D. 3	0,5	14,5	14,0	1 036 700			
			6. 9. 1935	D. 5	0,5	14,5	14,0	883 900		13 bis 13,5	59
D	3 und 4, c	Für mittleren Teil der Laschen Lichtbogenschweißung. Gleichstrom. Kjellberg-Elektroden St 37 A. Schweißstromstärke 130 Amp. Laschenenden zugeschärft, mit der Gasflamme verschweißt (Schweißdrähte 4 mm ∅, Güte G 37) und nachgeschliffen	30. 9. 1935	I. 1	0,7	17,6	16,9	596 700	Zuerst Risse in den Schweißnaht- bzw. Laschenenden, dann Flacheisen 140×20 mm gebrochen	14,5	56
				I. 2	0,5	16,5	16,0	650 000			56
				I. 4	0,5	15,5	15,0	946 700			
E	5 bis 8	Lichtbogenschweißung. Gleichstrom. Kjellberg-Elektroden St 37 A. Schweißstromstärke 130 Amp. Runde Laschenenden; Schweißnähte und Laschen bearbeitet	19. 9. 1935	II. 1	0,5	18,0	17,5	468 800	Zuerst Risse in den Schweißnähten, dann Flacheisen 140×20 mm gebrochen	rd. 13	56
				II. 2	0,5	15,5	15,0	691 700			
F	1 und 2	Lichtbogenschweißung. Gleichstrom. Kjellberg-Elektroden St 44 B. Schweißstromstärke 200 bis 220 Amp. Mit Stirnkehlnähten. Übergang der Stirnkehlnähte und der daran anschließenden Teile der Längskehlnähte mit Fräserfeile rd. 15 mm ∅ bearbeitet	14. 1. 1936	I. 1	0,5	18,5	18,0	392 800	Bruch der Stirnkehlnähte und der Bleche 140×20 mm. Bruchbeginn wahrscheinlich an der Wurzel der Stirnkehlnähte	rd. 13	40
				I. 2	0,5	16,5	16,0	475 800			40 [2]
G	10 bis 12	Lichtbogenschweißung. Gleichstrom. Kjellberg-Elektroden St 44 B. Schweißstromstärke 200 bis 220 Amp.	14. 1. 1936	II A. 3	0,6	18,4	17,8	232 900	Bruch des Blechs 140×20 mm am Anfang der Stirnkehlnähte		40

H	10 bis 12	Lichtbogenschweißung. Gleichstrom. Kjellberg-Elektroden St 44 B. Schweißstromstärke 200 bis 220 Amp. Rechteckige Laschen, allseitig festgeschweißt; Anläufe auf 25° abgearbeitet. Übergang der Stirnkehlnähte und der daran anschließenden Teile der Längskehlnähte mit Fräserfeile rd. 15 mm ⌀ bearbeitet	14. 1. 1936	II A. 1	0,5	18,5	18,0	664 100	Bruch der Stirnkehlnähte und des Blechs 140 × 20 mm	rd. 15	39
J	10 bis 12	Lichtbogenschweißung. Gleichstrom. Kjellberg-Elektroden St 44 B. Schweißstromstärke 200 bis 220 Amp. Rechteckige Laschen, allseitig festgeschweißt. Kanten der Laschen gebrochen. Übergang der Stirnkehlnähte und der daran anschließenden Teile der Längskehlnähte mit Fräserfeile rd. 15 mm ⌀ bearbeitet	14. 1. 1936	II A. 2	0,5	18,5	18,0	766 000	Bruch der Stirnkehlnähte und des Blechs 140 × 20 mm	rd. 16	40
				II A. 5	0,5	17,5	17,0	859 500	Bruch des Blechs 140 × 20 mm in der gefrästen Rundung		42
K	10 bis 12	Gasschmelzschweißung (Azetylen). Schweißstäbe GV 3. Stirnkehlnähte und anschließende Teile der Flankenkehlnähte auf rd. 25° zurückgeschliffen mit allmählichem Übergang	16. 1. 1936	2 B. 1	0,5	18,5	18,0	715 100	Blech 140 × 20 mm gebrochen am Anfang der Stirnkehlnähte		38
L	10 bis 12	Gasschmelzschweißung (Azetylen). Schweißstäbe GV 3. Stirnkehlnähte und anschließende Teile der Flankenkehlnähte eben geschliffen. Übergang der Stirnkehlnähte und der daran anschließenden Teile der Längskehlnähte mit Fräserfeile rd. 15 mm ⌀ bearbeitet	16. 1. 1936	2 B. 2	0,5	18,5	18,0	775 000	Blech 140 × 20 mm gebrochen. Bruchanfang in der gefrästen Hohlkehle des Übergangs der Stirnkehlnähte	16,5	39
				2 B. 5	0,5	17,5	17,0	366 400[4]			
				2 B. 3	0,5	17,5	17,0	958 200			40
M	13 bis 17	Lichtbogenschweißung. Gleichstrom. Kjellberg-Elektroden St 44 B. Schweißstromstärke 200 bis 220 Amp. Schweißnähte sorgfältig überschliffen; Halbmesser der Rundung der Stirnkehlnähte 30 bis 50 mm. Am Übergang sind kleine nicht bearbeitete Stellen zurückgeblieben	22. 4. 1936	RN. 1	0,5	17,6	17,1	464 500	Bruch des Blechs 140 × 20 mm; Bruchanfang an den kleinen nicht bearbeiteten Stellen des Übergangs		38
N	13 bis 17	Wie Reihe M, jedoch nicht bearbeitete Stellen am Übergang mit Fräserfeile rd. 15 mm ⌀ entfernt	22. 4. 1936	RN. 2	0,5	17,5	17,0	1 031 100	Nicht gebrochen	≥17	38
O	13 bis 16 und 19	Lichtbogenschweißung. Gleichstrom. Kjellberg-Elektroden St 44 B. Schweißstromstärke 200 bis 220 Amp. Schweißnähte sorgfältig überschliffen; Halbmesser der Rundung der Stirnkehlnähte 100 mm. Am Übergang Querschleifriefen zurückgeblieben	22. 4. 1936	RO. 1	0,5	17,6	17,1	1 825 600	Bruch des Blechs 140 × 20 mm beim Eintritt in die Einspannung	≥17	39
P	13 bis 16 und 19	Wie Reihe O, jedoch Rundung der Stirnkehlnähte mit 70 bis 100 mm Halbmesser und Übergang der Stirnkehlnähte mit Fräserfeile rd. 15 mm ⌀ bearbeitet	22. 4. 1936	RO. 2	0,5	17,5	17,0	1 048 000	Nicht gebrochen	≥17	
Q	20 bis 23	Lichtbogenschweißung. Gleichstrom. Siemens-Elektroden 162. Schweißstromstärke 180 Amp. Stirnkehlnähte am Übergang auf 25° zurückgeschliffen; Übergang der Stirnkehlnähte mit Fräserfeile rd. 15 mm ⌀ bearbeitet	22. 5. 1936	RP. 2	0,6	17,5	16,9	1 067 800	Bruch der Stirnkehlnähte und des Blechs 140 × 20 mm[5]	≥17	39
				RP. 1	0,5	17,5	17,0	1 774 200	Bruch des Blechs 140 × 20 mm in der Einspannung		39
R	13, 14 und 25	Wie Reihe Q	22. 5. 1936	RQ. 1	0,6	17,5	16,9	375 800	Bruch des Blechs 140 × 20 mm in der gefrästen Hohlkehle[6]	13	39
			22. 5. 1936	RQ. 2	0,5	17,5	17,0	925 500	Bruch des Blechs 140 × 20 mm in der gefrästen Hohlkehle	16,5	38[3] u. 36 i. M. 37

[1] Zugversuche nach DIN 1605 ergaben $\sigma_{F_0} = 33{,}6\ \text{kg/mm}^2$, $\sigma_B = 52{,}0\ \text{kg/mm}^2$; $\delta_{10} = 24\%$, $\psi = 62\%$.

[2] Zugversuche nach DIN 1605 ergaben $\sigma_{F_0} = 21{,}0\ \text{kg/mm}^2$, $\sigma_B = 36{,}3\ \text{kg/mm}^2$, $\delta_{10} = 28\%$, $\psi = 63\%$.

[3] Zugversuche nach DIN 1605 ergaben $\sigma_{F_0} = 23{,}4\ \text{kg/mm}^2$, $\sigma_B = 37{,}6\ \text{kg/mm}^2$, $\delta_5 = 40\%$, $\psi = 60\%$.

[4] Am Bruchanfang Bruchfläche blau und braun, daneben sehr grobes Korn.

[5] Bruchbeginn an der Wurzel der Stirnkehlnähte. Gleich am Anfang Überlastung durch wenig Lastspiele mit $\sigma = 18{,}2\ \text{kg/mm}^2$, da Schaltung nicht richtig arbeitete.

[6] Poren am Bruchanfang sichtbar; außerdem Verdickung der Stirnkehlnaht vor dem Bruchanfang

Zusammenstellung 2. Gruppe VI. Ergebnisse der Dauerbiegeversuche

mit den Probekörpern nach Abb. 27 bis 29.

Anordnung der Belastungen und Auflagerentfernung nach Abb. 27 bis 29.

Widerstandsmoment des I 30 : $W = 648$ cm³.

Lichtbogenschweißung. Schweißstäbe Siemens 162, E 34 h; dick ummantelt; Schweißgut porös.

Normenzugprüfung: Probestäbe aus dem Zugflansch des I 30: $\sigma_B = 37{,}9$ kg/mm²; $\delta_{10} = 28{,}8\%$; $\psi = 64\%$.

1	2	3	4	5	6	7
Bezeichnung der Probekörper	Rechnungsmäßige Biegeanstrengung[1] im Querschnitt S—S bzw. S'—S' an der unteren Belastungsgrenze σ_{ub_z} kg/mm²	an der oberen Belastungsgrenze σ_{ob_z} kg/mm²	Schwingungsweite $\sigma_{ob_z} - \sigma_{ub_z}$ kg/mm²	Zahl der Lastspiele in der Minute n/min	bis zum Bruch N	Bemerkungen
Bu 37. 13. 2.	1,0	20,0	19,0	rd. 210	334 300	Schweißnähte stark porös. Bruchbeginn in der Hohlkehle am Stirnkehlnahtübergang des Zugflansches an Stellen, in deren Nähe vorher Poren waren.
Bu 37. 13. 1.	1,0	18,0	17,0	rd. 210	735 200	Bruchbeginn in der Hohlkehle am Stirnkehlnahtübergang des Zugflansches.
Bu 37. 13. 3.	1,1	17,1	16,0	rd. 210	594 700	Bruchbeginn an Poren in der Hohlkehle am Stirnkehlnahtübergang des Zugflansches.

[1] Mit dem Widerstandsmoment des ungeschwächten Trägerquerschnitts berechnet.

Druck von Julius Beltz in Langensalza.